Silke Kobold/Heidi Renner

Miezekatz' & Stubentiger

Katzen im Material-Mix

frechverlag

Von Silke Kobold sind im frechverlag folgende Titel erschienen:

TOPP 2182

TOPP 2347

TOPP 2233

TOPP 2008

TOPP 1713

Fotos: frechverlag GmbH + Co. Druck KG, 70499 Stuttgart;
Fotostudio Weisensel, Stuttgart

Dieses Buch enthält:
1,5 Vorlagenbogen

Auflage: 5. 4. 3. 2. 1. | Letzte Zahlen
Jahr: 2002 2001 2000 1999 98 | maßgebend

frechverlag GmbH + Co. Druck KG, 70499 Stuttgart

ISBN 3-7724-2363-9 · Best.-Nr. 2363

Druck: frechverlag GmbH + Co. Druck KG, 70499 Stuttgart

Katzenfreunde kennen das angenehme Gefühl, wenn ihr Stubentiger leise um die Beine streicht und ein zarter Tatzenstups deutlich macht: Komm, spiel mit mir! Ein Wollknäuel, ein Ball, sich bewegende Finger; alles eignet sich zum Spielen. Es gibt auch Zeiten, da wollen die Schmusekatzen behaglich schnurrend gestreichelt werden. Genausogut können sie sehr deutlich zeigen, daß sie ihre Ruhe haben wollen. Mit ihrer geheimnisvollen Ausstrahlung und ihrem Hang zum Individualismus sind Katzen für viele Menschen liebenswerte Mitbewohner.

Mit diesem Buch haben Sie die Gelegenheit, Ihren Liebling in verschiedenen Variationen auf Gebrauchsgegenständen und als Dekoration für die Wohnung zu präsentieren.

Wir hoffen, daß bei der Vielfalt der hier verwendeten Materialien für jede/n Katzenfreund/in etwas dabei ist.

Viel Vergnügen beim Werken wünschen Ihnen

Heidi Renner und Silke Kobold

Und so wird's gemacht

Material und Werkzeug

Papier-Arbeiten

- *Bastelkarton (genaue Angaben siehe jeweilige Anleitung)*
- *Architektenpapier*
- *Klebestift, Klebestreifen*
- *Bleistifte (weich und hart)*
- *Buntstifte in Weiß, Rosa, Rot und Grün*
- *Schere*
- *Cutter mit Schneideunterlage*
- *Locher*
- *Lochzange*
- *Hefter*
- *Dünner schwarzer Filzstift*

Arbeiten mit Stoff, Wolle, Filz und Holz

Die Angaben zu Material und Werkzeug befinden sich bei der jeweiligen Beschreibung.

Das Übertragen der Vorlage

Arbeiten mit Papier

1. Bei Motiven aus Foto- oder Bristolkarton: Das Architektenpapier wird auf die Zeichnung des Vorlagenbogens gelegt und mit einem weichen Bleistift das Motiv übertragen. Nun wird das Architektenpapier gewendet und mit Klebestreifen auf dem Bastelkarton befestigt. Mit einem harten Bleistift werden die Linien nun nochmals nachgezogen. Die Linien erscheinen dann auf dem Karton.

2. Bei Motiven aus Ton- oder Künstlerkarton: Diese Kartonarten eignen sich eigentlich nicht für größere Motive, weil sie nicht genügend Stabilität besitzen. Wenn diese jedoch doppelt gelegt werden, kann man sie durchaus verwenden. Man erreicht damit folgende Vorteile:

1. Sie können das Motiv in einem Arbeitsgang zweifarbig herstellen (z. B. eine Seite weiß, eine schwarz).
2. Sie ersparen sich einen Arbeitsgang beim Übertragen der Vorlage. Bestreichen Sie dazu das bereits mit dem Motiv versehene Architektenpapier flächendeckend mit einem Klebestift, und fixieren Sie es auf dem obenliegenden Karton (z. B. weiß). Nun befestigen Sie dieses mit Hilfe von Heftklammern auf einem andersfarbigen Karton (z. B. schwarz). Nach dem Herausschneiden der Felder wird der schwarze Karton auf die Oberseite des Motivs geklebt, so daß sich das Architektenpapier nun unsichtbar zwischen den beiden Lagen des Kartons befindet.

Das Herausschneiden der Felder

Das Werkstück sollte immer so gedreht werden, daß die zu bearbeitende Linie vor der Klinge des Cutters liegt und Sie so deren Verlauf genau verfolgen können. Nur in einigen Fällen ist es ratsam, entgegen dieser Regel zu verfahren und die Begrenzungslinien von der Grundform ausgehend nach außen hin auszuschneiden, z. B. bei den Schnurrhaaren der Katzen.

Die auf dem Vorlagenbogen eingezeichneten Linien werden wie folgt bearbeitet:

———	Feld herausschneiden
⬭	Linie etwa in Strichbreite herausschneiden
- - - - - - - - -	Linie nur einritzen

Wichtig ist, daß Sie zunächst immer die innenliegenden Felder herausschneiden und die Linie des Feldes zuerst bearbeiten, welche dem zuletzt ausgeschnittenen Feld zugewandt ist.
Die am Bildrand liegenden Teile werden immer zuletzt ausgeschnitten. Angaben zur Schneidefolge entnehmen Sie bitte der jeweiligen Anleitung.

TiP **Alle Katzen-Fensterbilder können aus dem sie umgebenden Bild herausgenommen werden und für sich allein als Motiv stehen. In diesem Fall müssen Sie die durch die Einbindung in das Gesamtbild entstandenen Lücken der äußeren Umrandung der Katze ergänzen. Da dies immer nur ganz kurze Abschnitte sind, dürfte dieser Arbeitsschritt nicht schwerfallen.**

Arbeiten mit Stoff und Filz

Die Vorlagen für die Applikationen und die Stoffmalerei werden mit Hilfe eines Bügelstiftes auf einen Bogen Bügelpapier (beides im Handarbeitsgeschäft erhältlich) gepaust und dann mit dem Bügeleisen auf den Stoff übertragen.
Die Vorlagen für die Filz-Fingerpuppen werden mit dem Bleistift auf Architektenpapier abgezeichnet. Dieses wird dann auf einen Kartonrest geklebt, und die Umrisse werden mit der Schere ausgeschnitten. Nun können Sie mit einem Stoffmalstift die Schablone auf den Filz übertragen. Die Fellzeichnungen werden freihand eingezeichnet.

Arbeiten mit Holz

Zeichnen Sie die Vorlage auf einen Bogen Architektenpapier, und übertragen Sie diese durch Zwischenlegen von Kohlepapier auf das Sperrholz.

Kätzchen mit Wollknäuel

Material:

- *Fotokarton (300 g/m²)*

- *Innenlinien, Kopf und Körper*
- *Innenlinien von Wollknäuel, Faden*
- *Restliche Felder*

Auf der Titelseite sehen Sie eine seitenverkehrte Variante dieses Motivs.

Auf dem Sofa

(Abbildung Seite 8/9)

Material:

- *Künstlerkarton (170 g/m²) oder Karton in ähnlicher Stärke*

- *Die Teile des Sofas mit einer Schere ausschneiden und zusammenkleben: Teil 2 auf Teil 1, Teil 3 auf Teil 1, Teil 4 auf Teil 2 und 3, Teile 5 und danach Teile 6.*
- *Verbindungen von Rückenlehne und Sitzfläche sowie die Striche auf der Rückenlehne mit einem dünnen schwarzen Filzstift, die Verzierungen mit einem weißen Bunt- oder Lackstift einzeichnen.*
- *Die Innenlinien der Katzen mit einem Cutter, die Außenlinien mit der Schere herausschneiden.*
- *Die Katzen wie auf dem Foto auf dem Sofa plazieren.*

TIP

Die Innenlinien, besonders die der kleinen Katzen, sind etwas schwierig zu arbeiten. Wem diese Arbeit noch nicht so leicht von der Hand geht, der kann die Linien alternativ auch mit einem schwarzen Filzstift einzeichnen.

Auf dem Sofa

(Anleitung Seite 6)

Schlüsselbrett und Schlüsselanhänger

Material und Werkzeug

- *Sperrholz: 8 mm dick (Schlüsselbrett)*
  5 mm dick (Anhänger)
- *Laubsäge mit feinem Sägeblatt*
- *Sandpapier*
- *Architektenpapier*
- *Kohlepapier*
- *Bleistift (hart)*
- *Verschiedene Farben zum Bemalen (z. B. Plakafarben oder HOLZ-PEN von Hobbidee)*
- *Ggf. Haarpinsel, Borstenpinsel*
- *Klarlack (s. Anleitung)*
- *Schraubhaken, 25 mm lang*
- *Schraubösen, 12 mm lang*
- *Dünner Nagel*
- *Kleiner Hammer*

Anleitung

Nach dem Aussägen mit einer Laubsäge werden die Ränder mit Sandpapier abgeschliffen, und das Werkstück wird vor dem Bemalen gründlich vom Holzstaub befreit.

Zunächst wird die Grundfarbe (hier Grau) mit einem Borstenpinsel aufgetragen. Wenn bei diesem Arbeitsgang die Innenlinien überdeckt werden (das hängt von der Beschaffenheit der Farbe ab), müssen diese nochmals mit Hilfe des Kohlepapiers nachgezogen werden. Die Feinarbeiten werden mit einem Haarpinsel ausgeführt. Eine Alternative zu Plakafarben ist der HOLZ-PEN von Hobbidee. Für die Grundfarbe sollten Sie einen Stift mit breiter Spitze wählen, für die anderen Farben Stifte mit feinerer Mine. Sie können auch beide Methoden miteinander kombinieren (Grundfarbe mit Pinsel, Ausgestaltung mit HOLZ-PEN). Zum Schutz sollte das Werkstück nach dem Trocknen der Farben mit Klarlack versehen werden.

Achtung! Der Klarlack sollte auf einem Probestück auf seine Tauglichkeit zum Fixieren von wasserlöslichen Farben hin überprüft werden. Sprühlack eignet sich am besten. Statt wasserlöslicher Farbe können auch Farblacke z. B. auf Acrylbasis verwendet werden.

Schraubhaken, Schraubösen und Schlüsselringe erhalten Sie im Fachhandel. Die Löcher für die Schrauben am Schlüsselbrett und an den Anhängern werden vorsichtig mit Hilfe eines dünnen Nagels und eines kleinen Hammers vorbereitet. So läßt sich das Gewinde leichter eindrehen, und es besteht kaum Gefahr, daß Holzfasern absplittern. Sollte dies dennoch einmal passieren, müssen die Farben ein wenig nachgebessert werden. Zum Schluß werden die Schlüsselringe in die Schraubösen der Anhänger eingezogen.

Sportlich in die Schule

Material und Werkzeug

- *Weißer Baumwollstoff (gewaschen):*
  75 cm x 55 cm (Turnbeutel)
  2 mal 36 cm x 12 cm (Brustbeutel)
- *Kordel:*
  2 mal 95 cm (Turnbeutel)
  80 cm (Brustbeutel)
- *Druckknopf oder Klettband*
- *Nähgarn, Schere*
- *Sicherheitsnadel, Stecknadeln*
- *Nähmaschine*
- *Bügelstift, Bügelpapier, Bügeleisen*
- *Tex-Pen von Hobbidee in verschiedenen Farben und in Schwarz mit möglichst feiner Mine*

Bemalen von Turnbeutel und Brustbeutel

Das Motiv wird mit Hilfe eines Bügelstiftes (siehe auch Seite 5) auf den Stoff übertragen. Bitte beachten Sie beim Plazieren des Motivs den Stoffverbrauch der Nähte. Zunächst werden die Katzen und die farbigen Flächen der Bälle bemalt und dann die Konturen mit einem schwarzen Stift gezeichnet.

TIP

Sie können dem Katzenfell, indem Sie die graue Farbe einfach und doppelt auftragen, ein dezentes Streifenmuster verleihen. Dies läßt das Fell lebendiger wirken.

Nähen des Turnbeutels

Seitennähte etwa 1 cm breit schließen, dann den oberen Rand zunächst 1 cm, dann 2 cm umschlagen und feststecken. Den Rand mit zwei Nahtreihen so absteppen, daß ein Schlauch entsteht, dabei die Seitennähte dreimal mit Hilfe des Rücklaufs übernähen. Dann die sich zwischen den beiden Steppnähten befindenden Seitennähte vorsichtig auftrennen, damit die Kordel mit einer Sicherheitsnadel eingezogen werden kann.

Nähen des Brustbeutels

Die beiden Stoffstreifen aufeinanderlegen und zusammennähen. Dazu die beiden langen Seiten und eine kurze schließen. Stoff umstülpen, die Stoffränder der offenen Naht nach innen legen und diese absteppen. Den Stoff nun so zusammenlegen, daß die Länge der Klappe 6 cm beträgt. Beutel dann ringsherum knappkantig absteppen. Druckknopf oder Klettband annähen und die Kordel an der Innenseite der Klappe mit ein paar Stichen per Hand befestigen.

TIPS

Wenn Sie ganz schnell ein Geschenk benötigen oder ungern nähen, können Sie im Hobby-Fachhandel fertige Taschen und Beutel in den verschiedensten Ausführungen erstehen.

Die sportlichen kleinen Katzen eignen sich sehr gut dazu, nicht herauswaschbare Flecken zu übermalen oder z. B. einem Kinder T-Shirt neuen Glanz zu verleihen.

MALINA
MALINA

Tischset und Serviette

Material und Werkzeug

- *Gemusterte und einfarbige Baumwollstoffe (gewaschen):*
  Set: Randstreifen: 2 mal 55 cm x 5,5 cm
  2 mal 42 cm x 5,5 cm
  Mittelteil: 46 cm x 32 cm
  Molton: 51 cm x 37,5 cm
  Katze: 15 cm x 12 cm
- *Vlieseline zum Aufbügeln: 15 cm x 12 cm*
- *Serviette: 42,5 cm x 42,5 cm*
- *Katze und Vlieseline: 15 cm x 12 cm*
- *Nähgarn, Nadel, Schere, Stecknadeln*
- *Nähmaschine, Bügeleisen*
- *Tex-Pen in Schwarz, Grün und Rosa*

Anleitung Set

Katzenmotiv auf den gewaschenen einfarbigen Stoff übertragen (s. Anleitung S. 5) und den Stoff mit der Vlieseline verbinden. Umriß mit der Schere ausschneiden. Vorsichtshalber sollten Sie die gemalten Linien mit Tex-Pen vor der Applikation ausführen. Katze mit einem Faden auf den Mittelteil des Sets heften und alle Innen- und Außenlinien, ausgenommen Krallen und Gesicht, mit eng gestelltem Zickzackstich aufnähen. Zweimal einen kurzen und einen langen Randstreifen (Stoffvorderseiten aufeinanderlegen) so zusammennähen, daß sich eine diagonal verlaufende Naht ergibt (Vorlagenbogen), und die überschüssigen Ecken ca. 0,5 cm von der Naht entfernt abschneiden. Nun diese beiden Teile ebenfalls wie oben beschrieben zusammenfügen, so daß diese einen Rahmen von 44,5 cm x 31,5 cm (Innenmaß) bilden. Rahmen und Mittelteil (Stoffvorderseiten nach innen) aufeinanderheften und die Naht ringsherum ca. 0,5 cm breit schließen. Rand nach außen umschlagen und die Nähte dämpfen. Stoff auf die Moltonunterlage heften, die Außenkanten ca. 0,5 cm umbügeln, zur Rückseite des Sets umschlagen und die beiden Stofflagen durch eine Steppnaht miteinander verbinden.

Anleitung Serviette

Die Applikation wird wie beim Set beschrieben angebracht. Den Saum der Serviette zunächst ringsherum 0,5 cm umbügeln, dann 1 cm breit nach außen hin umschlagen und feststeppen. Die Ecknähte des Umschlags auf der Rückseite der Serviette sollten diagonal verlaufen (Vorlagenbogen).

TIP **Sie können auch fertige Platzdeckchen und Servietten (Handarbeitsgeschäft) mit Katzen verschönern.**

Katzenkissen zum Kuscheln

Material und Werkzeug

Für beide Kissen benötigen Sie:

- *Nadel, Stecknadel, Schere*
- *Nähmaschine*
- *Bügeleisen*
- *Füllmaterial*

Motiv „Katze auf dem Dach"

- *Stoff in Grau, 42 cm x 42 cm*
  42 cm x 15 cm
  42 cm x 3,5 cm
  Stoff in Schwarz, 42 cm x 42 cm
  Stoff in Weiß, 40 cm x 12 cm
- *Vlieseline zum Aufbügeln,*
  42 cm x 15 cm
  42 cm x 3,5 cm
  40 cm x 12 cm
- *Nähgarn in Weiß und Grau*

Motiv „Schlafende Katze"

- *Stoff in Grau, 82 cm x 42 cm*
  Stoff in Weiß, 30 cm x 18 cm
  Stoff in Schwarz, 33 cm x 14 cm
- *Vlieseline zum Aufbügeln,*
  30 cm x 18 cm
  33 cm x 14 cm
- *Nähgarn in Weiß und Schwarz*

Anleitung

Alle Stoffe vor dem Verarbeiten waschen. Applikationsmotive auf den Stoff übertragen (siehe Anleitung S. 5) und auf die Bügelvlieseline bügeln. Geben Sie beim Ausschneiden der Figuren etwa 2 mm hinzu, und heften Sie diese wie auf dem Foto vor dem Aufnähen mit einem eng gestellten Zickzackstich zunächst einmal mit groben Stichen auf dem Untergrund fest.

Reihenfolge des Aufbringens der Applikation:

Kissen „Katze auf dem Dach":
unterer Teil des Daches (der Abstand der Linien für die Dachziegel beträgt in der Senkrechten 5 cm, in der Waagrechten 6 cm), Dachfirst, Katze, Mond, Sterne.

Kissen „Schlafende Katze":
schwarze Unterlage, Katze, Mond, Sterne.

Fertigstellung der Kissen:

Die fertigen Bilder werden mit der vorderen Seite nach innen auf den grauen Stoff gelegt und die Außennähte ca. 1 cm breit abgesteppt. Lassen Sie dabei die nach unten zeigende Naht in der Mitte ca. 12 cm breit offen. Hülle wenden, füllen und die Naht per Hand schließen.

Mensch
ärgere
Dich
nicht

Kreuzsticharbeiten

Die hier gezeigten Motive wurden mit dünnem Stickgarn auf dementsprechend feinfädigem Stoff ausgeführt. Selbstverständlich können auch andere Stickgarne und die dazu passenden Stoffe verwendet werden, wobei Sie bedenken sollten, daß sich dann die Größe des Motivs verändert und die hier angegebenen Maße, z. B. des Rahmens (S. 20/21), entsprechend neu berechnet werden müssen.
Die Stickvorlagen und die allgemeine Stickanleitung befinden sich auf dem Vorlagenbogen. Ob Sie, wie bei den vorliegenden Motiven gezeigt, Ihr Stickbild mit schwarzen Konturen versehen, ist Geschmacksache. Die schwarzen Linien der Vorlage zeigen den Verlauf derselben an. Um ein gleichmäßiges Stickbild zu erhalten, sollten alle Stiche in der gleichen Richtung liegen (siehe allgemeine Stickanleitung auf dem Vorlagenbogen).
Die Stickarbeiten sollten nach der Fertigstellung leicht von der Rückseite gedämpft werden. Dies gilt besonders für Motive, die gerahmt werden sollen.

Tischband, Schleife, Serviette

Material und Werkzeug

- *Tischband: 5 cm breit, Länge je nach Bedarf*
- *Schleife: 3 cm breit, 70 cm lang*
- *Serviette zum Besticken (erhältlich im Handarbeitsgeschäft)*
- *Satinband in Altrosa, 3 mm breit: für die Schleife ca. 25 cm lang, für das Tischband 2 x ca. 30 cm länger als das Tischband*
- *Schere, Sticknadel*
- *Nähgarn in Weiß und Altrosa*
- *Stickgarn in den Farben Grau, Naturweiß, Rosa, Grün und Schwarz*

Berechnen Sie beim Kauf des Tischbandes die Länge eher großzügig. An jedem Ende werden z. B. noch 5 cm für die Gestaltung der Spitze benötigt. Auch läßt sich im voraus oft nicht genau festlegen, welche Länge am besten wirkt. Tischbandreste können Sie gut für die Gestaltung von Passepartout-Karten verwenden.
Bestimmen Sie zunächst mit einem Faden die Mitte des Tischbandes, und beginnen Sie von dort ausgehend die Stickarbeit. Wenn ein Kerzenhalter oder eine Vase die Mitte des Tisches zieren soll, ist es sinnvoll, mindestens jeweils 5 cm von der Mitte entfernt mit dem ersten Motiv zu beginnen. Die Spitzen der Bänder werden erst nach Beendigung der Stickarbeit angefertigt und per Hand mit kleinen Stichen befestigt.
Zum Schluß wird das Satinband mit feinen Stichen ebenfalls mit der Hand so aufgenäht, daß die Enden zu einer kleinen Schleife gebunden werden können. Die Schleife für den Kerzenhalter wird zusammengelegt, mit ein paar Stichen in der Mitte befestigt und dann eine ebenfalls nur zusammengelegte Schleife aus Satinband aufgenäht.

Stickbilder

Die hier angegebenen Rahmeninnenmaße sind nur bei gleicher Stoffart (10 Fäden auf 1 cm) und entsprechend dünnem Garn anwendbar. Wenn Sie Sticktwist verwenden möchten, können Sie diesen durch drei, also zu jeweils zwei Fäden pro Stickfaden, teilen.

Achtung! An einigen Stellen werden nur halbe Kreuze gestickt. Die Beschreibung hierfür, ebenso wie die vergrößerte Abbildung für das Sticken der Augen, finden Sie auf dem Vorlagenbogen.

Katze mit Schmetterling

- *Naturfarbener Stickstoff: 16 cm x 13 cm*
- *Stickgarn in den Farben: Rosa, Hell-, Mittel- und Dunkelolivgrün, Hellbraun, Gelb, dunkles Goldgelb, Naturweiß, Schwarz*
- *Rahmeninnenmaß: 11 cm x 8 cm*

Katze unter dem Baum

- *Naturfarbener Stickstoff: 13 cm x 13 cm*
- *Stickgarn in den Farben: Rosa, Hell-, Mittel- und Dunkelolivgrün, Mittelbraun, Blaßgelb Curry, Dunkles Goldgelb, Naturweiß, Schwarz*
- *Rahmeninnenmaß: 7,5 cm x 7,5 cm*

Zwei Katzen

- *Naturfarbener Stickstoff, 17 cm x 17 cm*
- *Stickgarn in den Farben: Rosa, Hell-, Mittel- und Dunkelolivgrün, Hell-, Mittel-, Rot- und Dunkelbraun, Naturweiß, Blaßgelb, Curry, Schwarz*
- *Rahmeninnenmaß: 11 cm x 11 cm*

Hüttenschuhe und Handschuhe

Material und Werkzeug

- *Wolle in beliebiger Grundfarbe, Lauflänge ca. 135 cm (für ein Paar in Größe 30 benötigen Sie insgesamt ca. 40 g der Grundfarbe) für Nadelstärke 3-3,5*
- *Reste in Grün, Rot, Rosa, Weiß und Schwarz*
- *Nadelspiel, Stärke 3*
- *Stopfnadel, Sicherheitsnadel*
- *Schere*
- *Füllmaterial (z.B. Zauberwatte)*
- *Für die Hüttenschuhe vorgefertigte Sohlen (erhältlich in Handarbeitsgeschäften oder Kurzwarenabteilungen in Kaufhäusern)*

Anleitung Hüttenschuhe (Größe 30/31)
40 M. auf 4 Nd. verteilt aufn., für das Bündchen 22 Rd. im Rechts-/Links-Muster str., davon 8 Rd. schwarz, 12 Rd. grau, 2 Rd hellgrau, restl. Rd. glatt rechts: immer abwechselnd 8 Rd. grau, 2 Rd. hellgrau (für das Bündchen: 8 Rd. schwarz, 2 Rd. weiß, 6 Rd. dunkelgrau, 2 Rd. schwarz, 2 Rd weiß, 2. Rd dunkelgrau, restl. Rd. glatt rechts: immer abwechselnd 6 Rd. dunkelgrau, 2 Rd. schwarz, 2 Rd. weiß). In der 12. Rd. ab Bündchen mit der Fersenwand beginnen: 1. und 2. Nd. Hinreihen rechts, Rückreihen links str., die ersten Rh. auf zwei, dann auf einer Nadel insg. 18 Rh. mit Kettrand str., beenden mit links; Käppchen: in der 19. Rh. die 14. und 15. M. überziehend zus.str. (5 M. verbleiben auf der Nd.), wenden und die 1. M. wie beim Linksstr. abh.; dann 7 M. links str., 8. und 9. M. links zus.str., wenden, 1. M. abh., letzte M. (7. M.) mit der 8. M. überz. zus.str.; in Rh. wiederholen, bis noch 8 M. verbleiben, Käppchen mit einer linken Rh. beenden; Zwickel: in Rd. rechts weiterstr., dazu aus dem Kettrand je 10 M. aufn., bis zur Mitte des Käppchens str., so daß sich auf der 1. Nd. 14 M., der 2. und 3. Nd. je 10, der 4. Nd. 14 M. befinden; in jeder 2. Rd. jeweils die letzten beiden M. von der 1. Nd. rechts zus.str. und die ersten beiden M. der 4. Nd. überz. zus.str.; wiederholen, bis sich auf jeder Nadel wieder 10 M. befinden; insgesamt 62 Rd. ab Bündchen str.; dann mit der Spitze (siehe Handschuh) beginnen. Die Sohlen wie in der Anleitung der Packungsbeilage angegeben annähen.

Ausgestaltung der Handschuhe und Hüttenschuhe
(s. auch Zeichnungen auf dem Vorlagenbogen)

Schnauze: 20 M. anschl. (weiß), mit 2 Nd. 12 Rh. str., den Fd. in ca. 35 cm Länge ab Strickende abschneiden, mit einer Stricknadel den Fd. durch die M. führen und zus.ziehen, mit einem weißen Wollfaden das Schnauzenteil in der Mitte zusammenbinden und die so entstandenen Rundungen mit etwas Füllmaterial auspolstern. Anschließend mit Stecknadeln auf dem Handschuh bzw. Fußrücken befestigen und mit dem hängengelassenen Faden aufnähen.

Nase: 6 M. in Rosa anschl., 3 Rh. str., Fd. in ca. 2 cm Länge abschneiden und mit einer Stricknadel durch alle M. ziehen. Rundung auspolstern und über der Schnauze aufnähen.

Weiter auf Seite 24

Augen: Die Konturen der Augen mit einem schwarzen Wollfaden aufsticken und wie auf dem Foto zu sehen ist (s. auch Zeichnung auf dem Vorlagenbogen) mit rosafarbenen, weißen und grünen Wollresten ausfüllen. Weitere Ausgestaltung des Gesichts: Die Mitte der Schnauze, der Mund und die Umrandung der Nase werden mit einem schwarzen Wollfaden aufgenäht, die Zunge mit einem roten (siehe auch Vorlagenbogen). Zum Schluß werden die Schnurrhaare ebenfalls mit einem schwarzen Wollfaden eingezogen. Dazu Fd. einstechen, innerhalb des Schnauzenteils einmal zurückstechen und an der anderen Seite der Schnauze herausführen.

Ohr rechts: 6 M. anschl. (Hüttenschuh 8 M.); 1. Rh. rechts str. dabei die erste M. rechts verschränkt, die letzte M. wie beim Linksstr. abh.; wenden; 2. Rh. links str., die erste M. rechts verschränkt str., 2. und 3. M. links zus.str., die letzte M. links abh. wenden, 3. Rh. wie die 1. Rh. str.; 4. Rh. wie die 2. Rh. stricken; Wiederholung bis 8. Rh. (dann sind noch 2 M. auf der Nd.); die beiden letzten M. rechts verschränkt zus.str., Fd. durch die letzte M. ziehen, zum Strickanfang führen und mit diesem Faden das Ohr annähen.

Ohr links: Gegengleich zum rechten Ohr stricken, d.h. mit einer linken Rh. beginnen. Was beim rechten Ohr links zus.gestrickt wurde, wird hier rechts zus.gestrickt und umgekehrt. Das Ohrinnere können Sie noch mit rosafarbener Wolle aussticken.

Anleitung Handschuhe

(für Alter ca. 4-6 Jahre)

40 M. auf 4 Nd. verteilt aufn.; für das Bündchen 22 Rd. im Rechts-/Links-Muster str. davon 8 Rd. weiß, 4 Rd. orange, 2 Rd. weiß, 4 Rd. orange, 2 Rd. weiß, 2 Rd. orange. Restl. Rd. glatt rechts str., beginnend mit 2 Rd. orange, dann abwechselnd 2 Rd. weiß, 4 Rd. orange (**Grauer Handschuh:** Bündchen: 4 Rd. grau, dann abwechselnd 2 Rd. hellgrau, 3 Rd. grau. Restliche Rd. glatt rechts, abwechselnd 3 Rd. grau, 2 Rd. hellgrau. **Schwarzer Handschuh:** Bündchen: 4 Rd. weiß, 15 Rd. schwarz, 3 Rd. weiß. Restliche Rd. glatt rechts, 14 Rd. schwarz, 3 Rd. weiß, 11 Rd. schwarz, 3 Rd. weiß, 7 Rd. schwarz, 3 Rd. weiß, Rest schwarz); in der 10. Rd. ab Bündchen für das Daumenloch des linken Handschuhs am Ende der 2. Nd. (für den rechten am Anfang der 1. Nd.) 6 M. auf einer Sicherheitsnadel stillegen und dafür in der nächsten Rd. an der gleichen Stelle 6 M. neu aufn.; ab Bündchen insg. 40 Rd. str.; dann mit der Spitze beginnen: in jeder Rd. jeweils am Anfang der 1. und der 3. Nd. die ersten beiden M. überz. zus.str., am Ende der 2. und der 4. Nd. die letzten beiden M. rechts zus.str.; die letzten 4 M. mit dem Ende des Fd. zus.ziehen und Fd. innen vernähen; Daumen: die stillgelegten 6 M. auf eine Nd. nehmen und in dem entstandenen Loch auf die nächsten Nd. insg. zusätzlich noch 12 M. aufn. (auf der 1. Nd. befinden sich dann 6 M., auf der 2., 3. und 4. Nd jeweils 4 M.). Ab Daumenloch 19 Rd. str., für die Spitze abwechselnd 1 M. str., 2 M. zus.str., bis 6 M. übrig sind, mit den Strickfaden zus.ziehen und innen vernähen. Muster Daumen: 1 Rd. weiß, 4 Rd. orange, 2 Rd. weiß, 4 Rd. orange (**Grauer Handschuh:** 1 Rd. hellgrau, dann abwechselnd 3 Rd. grau, 2 Rd. hellgrau. **Schwarzer Handschuh:** 14 Rd. schwarz, Rest weiß).

Strickerklärungen:

Überzogen zusammenstricken: 1. M. abheben, 2. M. stricken, die abgehobene M. darüberziehen.

Kettrand: In allen Reihen die 1. M. rechts verschränkt stricken und die letzte M. wie zum Linksstricken abheben.

Rechts verschränkt: mit der Nd. nach hinten einstechen und rechts abstricken.

Abkürzungen

Reihe: Rh.
Runde: Rd.
Masche: M.
Nadel: Nd.
Faden: Fd.
stricken: str.
zusammen: zus.
abheben: abh.
aufnehmen: aufn.
überzogen: überz.
anschlagen: anschl.

Fingerpuppen aus Filz

Diese lustigen Fingerpuppen sind ganz schnell und kinderleicht herzustellen!

Material und Werkzeug

- *Bastelfilz in Schwarz, Weiß, Orange, Rosa, Grau*
- *UHU por Hartschaum*
- *Deckende Stoffmalfarben in Weiß, Rot, Rosa, Grün (evtl. grüner Glitzer)*
- *Haarpinsel, Stärke 2*
- *Stoffmalstift mit feiner Mine in Schwarz (z.B. von Hobbidee)*
- *Nähgam in den entsprechenden Grundfarben der Fingerpuppen*
- *Nadel, Schere, evtl. Nähmaschine*

Kleine Gläschen deckender Stoffmalfarbe erhalten Sie ebenso wie den Stoffmalstift im Fachhandel, wobei Sie die hier erforderliche Farbe Rosa aus den Farben Weiß und Rot selbst anmischen können. Einen interessanten Effekt erzielt man mit der grünen Glitzerfarbe für die Augen.

Das Schnittmuster finden Sie auf dem Vorlagenbogen.

- Teile 3 auf Teile 4 kleben
- Für schwarze Katze Teil 10 und 11 auf Teil 1 kleben
- Teile 7, 8 und 9 auf Teil 1 kleben,
- Teil 6 auf Teil 5 und beides auf Teil 2 kleben
- Augen, Zunge und ggf. Streifen mit dem Pinsel aufmalen, Konturen mit dem schwarzen Stift einzeichnen. Vorher Farben trocknen lassen
- Teil 1 und 2 zusammennähen (gestrichelte Linie), dabei Ohren einfügen

Kätzchen auf der Decke

Material:

- Künstlerkarton (170 g/m²) in Grau und Schwarz

- Grauen Karton doppelt legen und mit Heftklammern zusammenheften, darauf das Motiv abpausen
- Innere Linien der Ohren und Augen/Mundpartie von oben nach unten
- Schnurrhaare links, Schnurrhaare rechts (erst obere, dann Begrenzungslinie Kopf und untere Linien)
- Fellzeichnung von oben nach unten und Krallen
- Konturen des Körpers von oben nach unten
- Randmuster der Decke mit einer Lochzange einstanzen, dann Falten in der Decke und Randlinien zum Lochmuster hin ausschneiden
- Umriß der Decke auf schwarzen Karton zeichnen und ausschneiden
- Den schwarzen Karton zwischen die beiden grauen Teile kleben

Dieses Motiv kann auch sehr gut einfarbig, z.B. in Weiß, gearbeitet werden. Hierfür empfehle ich Ihnen Bristolkarton.

Katze vor dem Mauseloch

Material:

- *Bristolkarton (369 g/m²) oder wahlweise Fotokarton in Weiß*

- *Innere Felder der Blumenampel*
- *Innenlinien der Katze*

- *Innere Felder des Hauses von oben nach unten*
- *Innere Felder der Milchkanne von oben nach unten*
- *Restliche Felder*

Drei kleine Kätzchen

Material:
- *geprägter Fotokarton*

- *Augen, Nase, Mund*
- *Andere Innenlinien*
- *Außenrand mit einer Schere*

Lustige Katzen-Anhänger

Material:

- *Künstlerkarton in beliebigen Farben*
- *Buntstifte in Weiß, Rosa, Rot, Grün*
- *Dünner Filzstift in Schwarz*

- *Für den Lichtpunkt im Auge: weißer Lackstift oder Deckweiß*
- *Faden, Klebstoff*

- Teile 1 und 4 doppelt, Teile 2 und 3 einmal ausschneiden
- Teile 1 zusammenkleben, dabei Teil 2 und doppelt gelegten Faden einfügen
- Teile 3 und 4 aufkleben
- Augenlid und Nase mit einem rosafarbenen, Iris mit einem grünen und Zunge mit einem roten Stift einzeichnen
- Pupille mit einem schwarzen Filzstift, Lichtpunkt mit einem weißen Lackstift oder Deckweiß auftragen
- Konturen mit dem dünnen schwarzen Filzstift, bei der schwarzen Katze zusätzlich mit einem weißen Buntstift einzeichnen